Jozef Sitek
Katarína Sedlačková
Július Dekan

Aplicações da Espectroscopia Mössbauer em Mineralogia

Jozef Sitek
Katarína Sedlačková
Július Dekan

Aplicações da Espectroscopia Mössbauer em Mineralogia

ScienciaScripts

Cover image: www.ingimage.com

This book is a translation from the original published under ISBN 978-620-2-00909-6.

Publisher:
Sciencia Scripts
is a trademark of
Dodo Books Indian Ocean Ltd. and OmniScriptum S.R.L publishing group

120 High Road, East Finchley, London, N2 9ED, United Kingdom
Str. Armeneasca 28/1, office 1, Chisinau MD-2012, Republic of Moldova, Europe
Printed at: see last page
ISBN: 978-620-7-71523-7

ÍNDICE DE CONTEÚDOS

Introdução

O fenómeno da emissão ou absorção de fotões de raios gama sem perda de energia devido ao recuo do núcleo é conhecido como efeito Mossbauer. Foi descoberto por Rudolph Mossbauer em 1957 e tem uma influência importante em muitos ramos da ciência. A técnica de espetroscopia de Mossbauer encontrou aplicabilidade também em diversos problemas de mineralogia [1].

Os minerais contêm frequentemente ferro. Dado que a técnica de espetroscopia Mossbauer é amplamente utilizada para examinar o estado de valência do ferro, que se encontra na natureza como Fe^{0} (metal), Fe^{2+} e Fe^{3+} , bem como o tipo de poliedro de coordenação ocupado pelos átomos de ferro (trigonal, tetraédrico, octaédrico, etc.), pode ser eficazmente aplicada também em mineralogia. A espetroscopia Mossbauer é por vezes utilizada para determinar rácios redox em vidros e (com menos sucesso) em rochas e para ajudar na identificação de fases de óxido de Fe com base nas suas propriedades magnéticas.

Este potencial da espetroscopia Mossbauer sugere uma extensão lógica a estudos semelhantes em minerais de silicato e argila. A presença de cadeias, camadas ou redes de silício ligado ao oxigénio é uma das características estruturais mais significativas. Os minerais de silicatos fornecem uma gama de simetrias de sítios, algumas das quais não são normalmente encontradas em sistemas de óxidos convencionais, e frequentemente as fases têm amplas gamas de composição, permitindo estudos de efeitos de substituição de catiões [1].

Neste artigo, são introduzidas várias aplicações da espetroscopia Mossbauer relativamente à análise de minerais de diferentes partes da natureza. As seguintes rochas foram investigadas e os resultados obtidos serão discutidos:

As micas brancas potássicas provêm das rochas incluídas nas zonas de deformação do Cretácico (ca. 100-70 Ma de idade) dos Cárpatos Ocidentais Centrais. As micas brancas formaram-se durante uma evolução polifásica e mudaram as condições da sua cristalização em zonas de cisalhamento à escala da crosta. Encontrámos critérios para distinguir as gerações de micas brancas pobres em celadonite (muscovíticas) e celadoníticas (fengíticas). Os espectros de Mossbauer reflectem bem as mudanças químicas nos agregados de mica branca, especialmente daqueles próximos das composições finais de muscovite e (alumino-)celadonite [2].

A tefra é um material fragmentário produzido pela erupção vulcânica. A erupção, seguindo a distribuição da tefra, envolve os maiores fragmentos, que caem no solo, perto das aberturas, e fragmentos mais pequenos, que viajam mais longe como cinzas. A tefra é um material que foi efetivamente lançado pelo ar antes de aterrar no solo e criar depósitos de queda de cinzas. Cada camada de tefra tem normalmente o seu próprio carácter e química [3]. A espetroscopia Mossbauer permite distinguir entre compostos como a magnetite, a titanomagnetite, a hematite ou a titanomaghemite e o piroxénio não magnético, o filossilicato, o aluminossilicato ou o óxido de ferro FeO.

As rochas basálticas formam-se quando a lava atinge a superfície da Terra num vulcão ou numa crista oceânica média. A lava tem uma temperatura de 1100 a 1250°C quando chega à superfície da Terra. Arrefece rapidamente, em poucos dias ou algumas semanas, formando rocha sólida. Fluxos de lava muito espessos podem levar muitos anos para se tornarem completamente sólidos. É constituída por muitos minerais de cor escura, como o piroxénio e a olivina. O basalto também contém alguns minerais de cor clara, como o feldspato e o quartzo, mas as suas quantidades são pequenas. O basalto é uma rocha ígnea extrusiva de cor muito escura. É o tipo de rocha mais comum na crosta terrestre e constitui a maior parte do fundo do oceano. A espetroscopia Mossbauer pode ser uma técnica de impressão digital eficaz para a identificação de diferentes tipos de rochas vulcânicas basálticas [4, 5]. A análise dos espectros Mossbauer de amostras investigadas de diversos locais mostrou a presença de diferentes compostos, como clinopiroxénio, magnetite do tipo espinélio, titanomagnetite, olivina ou piroxénio. O estágio de um processo de oxidação e a presença de impurezas (como, por exemplo, titânio) também foram indicados.

O gabro e o granodiorito são rochas policristalinas de diferentes locais da parte ocidental da Península Antárctica. O gabro é uma rocha de cor escura que contém maioritariamente piroxénio, mas também pode estar presente alguma quantidade de olivina, anfibólio, biotite, magnetite e ilmenite. Nos espectros de Mossbauer, foram identificados componentes paramagnéticos que descrevem o piroxénio e a ilmenite e componentes magnéticos atribuídos à magnetite. O granodiorito contém mais de 20% de quartzo e entre 65% e 90% de feldspato. Contém pequenas quantidades de mica muscovite, biotite e anfibólios. Nos espectros Mossbauer do granodiorito, foram identificados magnetite, piroxénio e ilmenite. A análise dos espectros Mossbauer revelou que a composição do gabro e do granodiorito varia de acordo com a área encontrada na Península do Ártico [6].

Os meteoritos de Rumanovâ e Kosice são meteoritos caídos no território da Eslováquia, tendo o meteorito de Rumanovâ sido encontrado há muitos anos e o meteorito de Kosice apenas em fevereiro de 2010. Ambos os meteoritos foram classificados como condritos H. Os resultados analíticos do meteorito Kosice mostraram que os espectros Mossbauer consistiam em componentes magnéticos e não magnéticos relacionados com diferentes fases de ferro. A fase não magnética inclui olivina, piroxénio e vestígios de fase Fe^{3+} e o componente magnético inclui troilite (FeS) e liga Fe-Ni rica em ferro com campo magnético hiperfino típico de kamacite [7]. A análise dos espectros Mossbauer mostrou que o meteorito Rumanovâ consiste em fases semelhantes e o componente adicional corresponde a hidroóxidos provenientes da meteorização devido ao facto de estar há muito tempo na superfície da Terra. Os produtos de meteorização podem ser reconhecidos principalmente como maghemite, no entanto, não podem ser excluídos vestígios de outros componentes de meteorização como akagenite, goethite e magnetite [8].

Referências

[1] Kuzman E., Nagy S., Vertes A., Weiszburg T.G., Garg V.K.: Geological and Mineralogical Application of Mossbauer Spectroscopy, pp. 285-376, em Nuclear Methods in Mineralogy and Geology, Springer, Nova Iorque, 1998.

[2] Sulak M., Kaindl R., Putis M., Sitek J., Krenn K., Toth I. :Lithos **113,** (2009), 709-730.

[3] Sitek J., Dekan J., Fang X., Xiaoli F., Chmielawska E.: Proc.Int.Conf. Espectroscopia

Mossbauer em Ciência dos Materiais -2012, Eds. J. Tucek e L. Machala, AIP, Nova Iorque, 2012, pp. 174 -178.

[4] Sitek J., Dekan, J.: Proc. Int. Conf. Applied Physics of Condensed Matter, Eds. J. Vajda e I. Jamnicky, Strbske Pleso, 2012, pp. 71 -74.

[5] Sitek J., Sedlackova K., Dekan J.: Proc. Int. Conf. Applied Physics of Condensed Matter, Eds. J. Vajda e I. Jamnicky, Strbske Pleso, 2013, pp. 66-69.

[6] Sitek J., Dekan J., Sedlackova K, Novak P., Gokhman A.: Proc. Int. Conf. Applied Physics of Condensed Matter, Eds. J. Vajda e I.Jamnicky, Strbske Pleso, 2016, pp. 4952.

[7] Sitek J., Dekan J., Sedlackova K., Journal of Electrical Engineering, 67, 4 (2016) 307.

[8] Lipka J., Sitek J, Dekan J., Degmova J., Porubcan V., In: Interacções Hiperfinas. - ISSN 0304-3843. - Vol. 218 : Actas do Simpósio Internacional sobre as Aplicações Industriais do Efeito Mossbauer (ISIAME 2012), Dalian, China, PARTE II/III (2013), pp. 107-111.

1. Espectroscopia Mossbauer

Se um núcleo atómico emite energia, neste caso um quantum γ, num gás ou num fluido, o quantum y perde a energia de recuo E_R (Fig. 1.1) Esta energia de recuo é então transmitida de volta ao núcleo emissor para preservação de energia. Para permitir a absorção do y-quantum por outros núcleos atómicos num gás ou num líquido, a energia do y-quantum tem de ser aumentada em E_R . É por isso que a emissão e a absorção sem recuo num gás ou num líquido não são possíveis. Num sólido, no entanto, a energia de recuo pode ser aniquilada ($E_R \rightarrow 0$) e a emissão e absorção sem recuo tornam-se possíveis. Existe uma certa porção **f** dos núcleos emissores, a chamada fração livre de recuo (fator de Debye-Waller, fator de Lamb-Mossbauer [1]), que é suficientemente elevada nos sólidos, para que os raios γ possam ser emitidos sem perda de energia do quantum γ-. Este fenómeno é designado por absorção ressonante. O valor da fração livre de recuo, **f**, aumenta com a diminuição da energia Eγ, a energia livre de recuo do quantum y, e com a diminuição de χ^2 , a amplitude vibracional quadrada média do núcleo emissor na direção do raio γ.

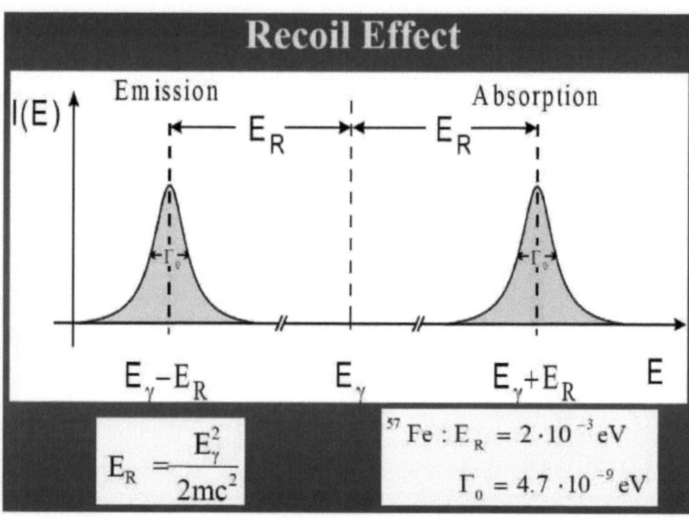

Fig.1.1 Efeito de recuo [1

Outro parâmetro importante é a largura da linha $\mathbf{\Gamma_0}$ do raio y, que depende do tempo de vida do estado nuclear excitado **τ**. Uma pequena largura de linha permite a deteção de pequenas alterações da energia da radiação γ, ou seja, a deteção de interacções hiperfinas nucleares.

Parâmetros hiperfinos

Os parâmetros hiperfinos descrevem as interacções entre os momentos nucleares e os campos eléctricos ou magnéticos circundantes. Estas interacções hiperfinas observadas com a espetroscopia Mossbauer fornecem informações químicas, físicas e cristalográficas. Na espetroscopia Mossbauer, são considerados basicamente três tipos de parâmetros hiperfinos: o desvio de isómero, a divisão quadrupolar e a divisão hiperfina magnética (Fig.1.2) [1, 2].

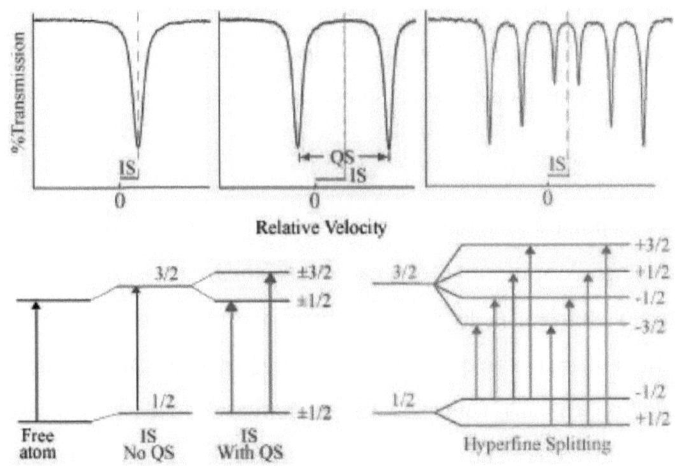

Fig.1.2. Interacções hiperfinas na espetroscopia Mossbauer [2].

1) Deslocamento do isómero (deslocamento químico)

O **desvio total de isómero** (S, IS) ou desvio de centro, consiste em 8_0 (desvio químico) e 8_s OD (desvio Doppler de segunda ordem). Depende da coordenação, do estado de valência e do estado de spin dos átomos e, por conseguinte, da densidade eletrónica s e dos electrões p e d. Esta deslocação dos níveis nucleares é causada por uma interação eletrostática entre o núcleo de carga positiva e a carga eletrónica negativa. Chama-se deslocamento de isómeros porque depende da diferença entre os raios nucleares do estado fundamental (g) e do estado isomérico excitado (e). Na espetroscopia

Mossbauer, a energia nuclear dos raios γ que transitam entre dois níveis nucleares na fonte é comparada com a do absorvente, que diferem devido a ambientes electrónicos e cristalográficos diferentes. Podem ser medidas diferenças de energia tão pequenas como 10^{-10} eV e δ_0 é calculado em relação a um padrão (por exemplo, para o ferro: desvio de isómero δ_0 de α-ferro à temperatura ambiente) [3]. Por exemplo, utilizando a diferença no desvio de isómeros δ_0 , pode distinguir-se num mineral entre Fe^{2+} e Fe^{3+} . Para os núcleos Mossbauer, que têm um raio menor no estado excitado do que no estado fundamental, como o ^{57} Fe, o desvio de isómero δ_0 diminui com o aumento da densidade eletrónica no núcleo do ^{57} Fe devido ao aumento da valência ou da ligação covalente. Um desvio Doppler de segunda ordem $\boldsymbol{\delta_{SOD}}$ causa a dependência da temperatura do desvio de isómero. δ_{SOD} depende da constante de força K e do deslocamento quadrático médio χ^2 do núcleo. À medida que χ^2 aumenta com a temperatura, δ_{SOD} aumenta e o desvio isomérico total δ diminui.

2) Fracionamento do quadrupolo (QS ou ΔE_Q)

A divisão quadrupolar é uma medida do grau de distorção do sítio cristalográfico, da valência, do estado de spin e da coordenação dos átomos absorventes. Uma **interação de quadrupolo elétrico**, a divisão dos níveis de energia nuclear, é causada pela interação entre o momento de quadrupolo nuclear Q (número quântico de spin nuclear $I > 1/2$) e a componente não cúbica do campo elétrico circundante. No caso do ^{57} Fe, o estado excitado do núcleo ^{57} Fe é dividido, pelo que ocorrem duas transições nucleares do estado fundamental para os estados excitados, em vez de apenas uma. Isto resulta em dois picos correspondentes no espetro de Mossbauer. A diferença de energia entre os dois picos descreve a diferença de energia entre os dois estados excitados, ou seja, a divisão do quadrupolo. A magnitude do QS depende do gradiente do campo elétrico (EFG) q. O EFG é diferente de zero se a distribuição de carga à volta do núcleo (electrões de valência e iões da rede) se desviar da simetria cúbica.

3) Divisão hiperfina magnética $(\Delta E)_M$

Um núcleo com um número quântico de spin $I > 1$ tem um momento de dipolo magnético diferente de zero. A interação entre este momento de dipolo magnético nuclear μ e um campo magnético H (interno ou externo) no núcleo provoca uma divisão hiperfina magnética. No caso do ^{57} Fe, o estado excitado (I = 3/2) divide-se em 4 subníveis e o estado fundamental (I = 1/2) divide-se em 2 subníveis. Isto resulta num sexteto de picos no espetro de Mossbauer. Quando um campo magnético está presente no núcleo, a divisão Zeeman tem lugar, produzindo um padrão de sexteto (verde); no caso mais simples, as áreas das linhas variam na proporção de 3:2:1:1:2:3.

Espectro de Mossbauer

Se os núcleos emissor e absorvente estivessem em ambientes químicos idênticos, as energias de transição nuclear seriam exatamente iguais e a absorção ressonante seria observada com ambos os materiais em repouso. A diferença de ambientes químicos, no entanto, faz com que os níveis de energia nuclear se desloquem de algumas formas diferentes. Embora estes desvios de energia sejam minúsculos (frequentemente inferiores a um microelectrão-volt), as larguras de linha espectrais extremamente estreitas dos raios gama para alguns radionuclídeos fazem com que os pequenos desvios de energia correspondam a grandes alterações na absorvância. Para que os dois núcleos voltem a entrar em ressonância, é necessário alterar ligeiramente a energia do raio gama e, na prática, isto é sempre feito utilizando o efeito Doppler.

Durante a espetroscopia de absorção Mossbauer, a fonte é acelerada através de uma gama de velocidades, utilizando uma unidade móvel para produzir um efeito Doppler e fazer passar a energia dos raios γ através de uma determinada gama. Uma gama típica de velocidades para ^{57} Fe, por exemplo, pode ser de ±11 mm/s. Nos espectros resultantes, a intensidade dos raios γ é representada como uma função da velocidade da fonte. A velocidades correspondentes aos níveis de energia ressonante da amostra, uma fração dos raios gama é absorvida, o que resulta numa queda da intensidade medida e numa queda correspondente no espetro. O número, as posições e as intensidades das descidas (também designadas por picos; as descidas na intensidade transmitida são picos na absorvância) fornecem informações sobre o ambiente químico dos núcleos absorventes e podem ser utilizadas para caraterizar a amostra.

Os espectros de Mossbauer são descritos através de três parâmetros: desvio de isómero (IS), que resulta da diferença de densidade eletrónica entre a fonte e o absorvente, divisão quadrupolar (QS), que é uma mudança nos níveis de energia nuclear induzida por um gradiente de campo elétrico causado por electrões próximos, e divisão hiperfina (apenas para materiais magnéticos). Graficamente, a divisão quadrupolar é a separação entre os dois picos componentes de um dupleto, e o desvio de isómero é a diferença entre o ponto médio do dupleto e o zero na escala de velocidade. Os parâmetros de Mossbauer são sensíveis à temperatura, e esta caraterística é por vezes explorada utilizando temperaturas mais baixas para melhorar a resolução dos picos.

Se os electrões à volta do átomo de Fe criarem um campo magnético, como no caso da magnetite, então os níveis de energia no núcleo de Fe irão dividir-se para permitir seis transições nucleares possíveis, resultando num sexteto (um espetro de seis picos). As posições dos picos no sexteto definem o que se designa por divisão hiperfina (H_{int} ou B_{Hf} , consoante as unidades utilizadas) dos níveis de energia nuclear. Os átomos de ferro em diferentes ambientes locais e os que têm diferentes estados de oxidação absorvem em diferentes energias de diagnóstico. Um espetro típico de Mossbauer consiste assim em conjuntos de picos (normalmente duplos e sextetos), correspondendo cada conjunto a um núcleo de ferro num ambiente específico da amostra (um local nuclear de Fe). Aparecem diferentes conjuntos de picos, dependendo do que o núcleo de Fe "vê" no seu ambiente. O ambiente nuclear depende de uma série de factores, incluindo o número de electrões (Fe^0 , Fe^{2+} , Fe^{3+} *)*, o número de aniões de coordenação, a simetria do local e a presença/ausência de ordenação magnética (que pode ser dependente da temperatura). Assim, o espetro de uma determinada amostra pode consistir numa sobreposição de dupletos e sextetos.

A combinação do desvio de isómeros e dos parâmetros de divisão quadrupolar (juntamente com o campo hiperfino, no caso de fases magneticamente ordenadas) é geralmente suficiente para identificar o estado de valência e a ocupação do local do Fe num determinado local e numa amostra individual.

Nos minerais, estas gamas foram em grande parte determinadas empiricamente a partir de espectros de Mossbauer medidos com recurso a rotinas de ajuste de espectros normalmente disponíveis na comunidade geológica. Os valores exactos dos parâmetros de Mossbauer são difíceis de prever a partir da teoria, porque as interacções de longo alcance em estruturas minerais complicadas são difíceis de antecipar.

Espectrómetro de Mossbauer

Uma instalação de Mossbauer consiste na **fonte**, no **absorvente** (amostra) e no **detetor** (Fig. 1.3). Para variar a energia, utiliza-se o efeito Doppler, deslocando a fonte em relação ao absorvente. Uma geometria linear, com o detetor disposto atrás da fonte e do absorvedor, é utilizada para estudos de transmissão para estudar todos os núcleos da amostra. Em contrapartida, uma geometria de retrodifusão pode ser utilizada para estudar os núcleos da superfície da amostra. Esta última técnica é designada por Espectroscopia Mossbauer de Electrões de Conversão (CEMS).

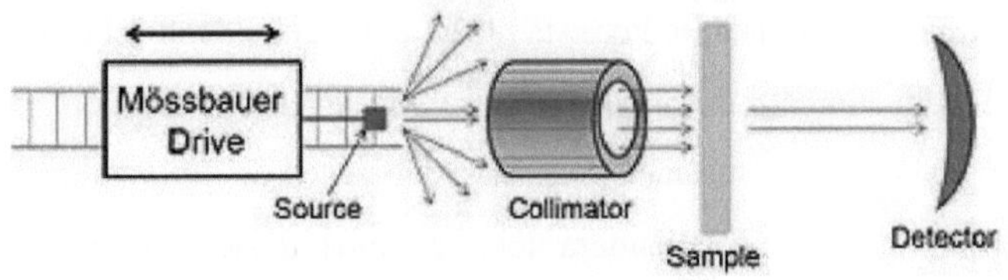

Fig.1.3. Esquema da técnica experimental de Mossbauer [4].

A **fonte** é um progenitor radioativo de um isótopo de Mossbauer, por exemplo, ^{57}Co é o progenitor de ^{57}Fe. Uma fonte Mossbauer ideal tem uma energia relativamente baixa da radiação γ-, Eγ, portanto uma fração livre de recuo elevada f, um tempo de vida médio longo τ do primeiro nível nuclear excitado e, portanto, uma meia largura pequena. O isótopo Mossbauer mais popular é o ferro, porque o tempo de meia-vida do seu progenitor ^{57}Co é razoavelmente longo (270 dias), a largura natural da linha é relativamente pequena (0,097 mm/s), as fracções livres de recuo são geralmente elevadas à temperatura ambiente e a secção transversal de absorção é suficientemente elevada para que se possam obter espectros razoáveis mesmo para absorventes com baixas concentrações de ferro. O diâmetro da fonte para fontes convencionais de ^{57}Co é da ordem de 1 cm. Depende da densidade dos núcleos de origem e do seu número necessário para uma taxa de contagem suficiente. O **absorvente**, a amostra, pode ser um pó, um vidro, um cristal único, um fundido ou um líquido. A amostra pode ser arrefecida, aquecida, medida sob alta pressão ou num campo magnético externo. Como **detetor** pode ser utilizado um contador proporcional ao gás, um analisador multicanal combinado com detectores de cintilação ou de semicondutores, ou um contador de ressonância.

Fundamentos da análise

Qualquer análise qualitativa baseada na espetroscopia Mossbauer resume-se a identificar as espécies físicas ou químicas individuais a partir dos padrões correspondentes presentes no espetro. Idealmente, isto pode ser feito se conhecermos a correspondência exacta entre padrões e espécies. No entanto, essa correspondência de um para um entre espécies de átomos e padrões individuais pode não existir para um dado conjunto de parâmetros experimentais ajustados externamente, para os quais o espetro de Mossbauer é registado. Por esta razão, é útil considerar todos os parâmetros de Mossbauer em função de uma série de grandezas experimentais ajustáveis externamente, como a temperatura, a pressão, a densidade do fluxo magnético externo, etc. No entanto, quando se considera toda a gama destes parâmetros, podemos encontrar pontos no espaço de parâmetros experimentais em que apenas um padrão está associado a uma espécie e vice-versa, e assim podemos contornar o problema da ambiguidade. Do ponto de vista analítico, podemos introduzir uma terminologia útil para classificar os padrões de Mossbauer. Um padrão de Mossbauer pode ser um espetro simples, denominado padrão elementar, que reflecte apenas uma interação hiperfina num determinado microambiente, ou um espetro complexo, denominado padrão sobreposto, que consiste num certo número de subespectro. Um padrão padrão está relacionado com um espetro de Mossbauer que é medido num conjunto padrão de parâmetros experimentais ajustados externamente. Um padrão induzido, por outro lado, é obtido sob condições diferentes das padrão. As diferenças entre o padrão induzido e o padrão espontâneo podem dar uma contribuição importante para a análise.

Referências

[1] disponível em linha:
http://www.ak-guetlich.chemie.uni-mainz.de/.../Moessbauer_Lectures.pdf

[2] disponível em linha:
http://serc.carleton.edu/research_education/geochemsheets/techniques/mossbauer.html

[3] disponível em linha:
https://serc.carleton.edu/NAGTWorkshops/mineralogy/mineral_physics/mossbauer.html

[4] disponível em linha: https://en.wikipedia.org/wiki/Mossbauer_spectroscopy

2. Mica branca das montanhas dos Cárpatos Centro-Ocidentais

As zonas de cisalhamento tectónico dos Cárpatos Ocidentais Centrais são análogas às dos complexos austroalpinos dos Alpes Orientais. Os Cárpatos Ocidentais Centrais são dissecados por algumas zonas de cisalhamento importantes. Aqui, o encurtamento da crosta por sub-reforço de alguns complexos de subsolo/cobertura foi acompanhado pela cristalização de muscovite rica em celadonite (fengite). Este tipo de filossilicatos, para além de outros minerais associados como a pumpellyite, a zoisite, a granada rica em grossular, o cloritoide e a kyanite, pertence ao grupo das micas brancas que ocorrem frequentemente em zonas de pressão mais elevada. As zonas estudadas situam-se num intervalo de pressão variável de 300 - 1000 MPa. Especificámos características químicas e espectroscópicas [1, 2], que permitem distinguir entre micas brancas pobres em celadonite (muscovíticas) e ricas em celadonite (fengíticas). As gerações de mica branca formaram-se durante uma evolução polifásica e condições variáveis de temperaturas muito baixas a médias e pressão média na cunha orogénica dos Cárpatos Centrais Ocidentais Alpinos.

O principal objetivo deste estudo foi documentar a correlação entre a composição química de uma mica branca natural [3, 4] e os seus parâmetros Mossbauer. Estes dados devem melhorar a identificação das diferentes fases da mica branca natural presentes num agregado, utilizando esta técnica analítica. A espetroscopia Mossbauer é uma ferramenta muito eficiente para a investigação da mica branca, porque fornece informações sobre a abundância relativa de Fe^{2+} e Fe^{3+}, que não são distinguíveis por uma microssonda eletrónica. Além disso, também permite a identificação de todas as fases que contêm ferro, quando caracterizadas por diferentes parâmetros hiperfinos. A moscovite pobre em celadonite e a moscovite rica em celadonite (fengite) são representadas nos espectros Mossbauer pela sobreposição de vários duplos quadrupolos correspondentes aos teores de Fe^{2+} ou Fe^{3+}.

Preparação da amostra

As amostras que continham micas de grão fino foram suavemente esmagadas após a remoção das partes desgastadas. Em seguida, foram moídas com pilão e almofariz, peneiradas a 0,16 mm, embebidas em água destilada e desagregadas por ultra-sons. Para a espetroscopia Mossbauer, as amostras foram pulverizadas e medidas à temperatura ambiente em geometria de transmissão padrão.

Resultados e discussão

Os espectros Mossbauer da moscovite pobre em celadonite são apresentados na Fig. 2.1. Os espectros consistem em dois duplos quadrupolos. O mais elevado corresponde ao Fe^{2+} com QS = 2,63 - 2,66 mm/s e IS = 1,01-1,20 mm/s e o mais baixo ao Fe^{3+} com QS = 0,71 mm/s e IS = 0,24 mm/s. O erro experimental dos valores de QS e IS em todas as amostras investigadas é de cerca de 0,01 mm/s.

A quantidade relativa de cada componente *(A_{ret})* foi determinada a partir da área dos subespectro e é apresentada na Tab. 2.1. Os nossos resultados indicam que as amostras designadas por "poor-a", "poor-b" e "poor-c" representam moscovite pobre em celadonite com diferentes rácios de Fe /Fe^{2+3+} . Para efeitos de comparação, os espectros Mossbauer de uma moscovite rica em celadonite típica (fengite) são apresentados na Fig. 2.2 e os parâmetros Mossbauer correspondentes são listados na Tab.2.1 (rica) (para Fe^{2+} , QS = 2,95 mm/s, IS=1,01 mm/s; e para Fe^{3+} , QS = 0,73 mm/s, IS = 0,23 mm/s).

Os espectros Mossbauer reflectem bem as alterações químicas nos agregados de mica branca, especialmente perto da composição final de moscovite e (alumino-)celadonite. Encontrámos espectros contrastantes de moscovite pobre em celadonite e moscovite rica em celadonite com diferentes valores de QS, que correspondem aos teores de Fe^{2+} e Fe^{3+} . Além disso, o rácio de Fe^{3+} e Fe^{2+} parece ser um parâmetro sensível que indica a cristalização a diferentes temperaturas e pressões semelhantes.

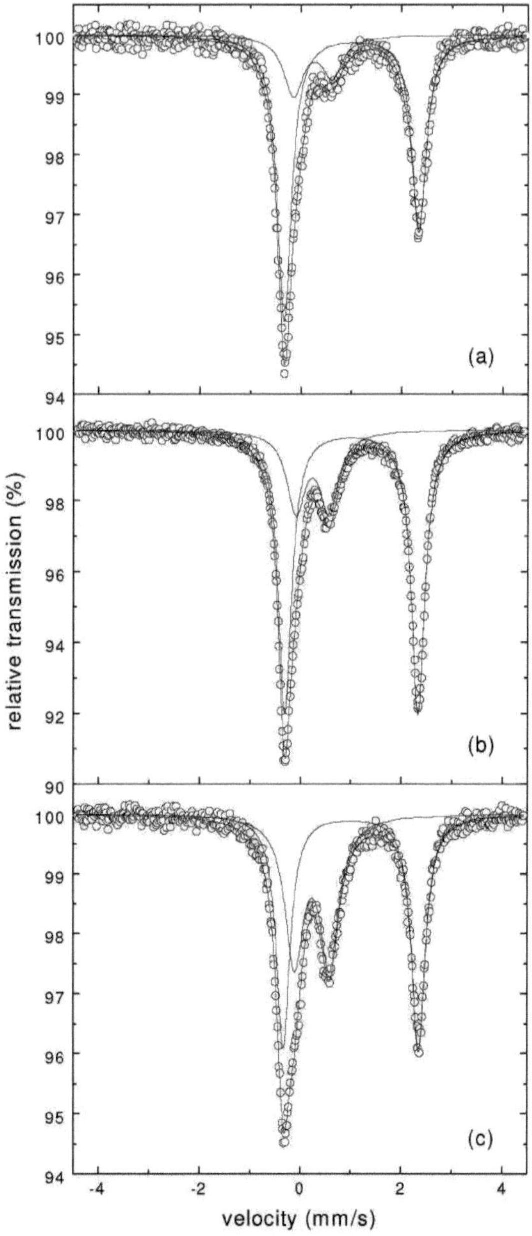

Fig. 2.1 Espectros Mossbauer de moscovite pobre em celadonite.

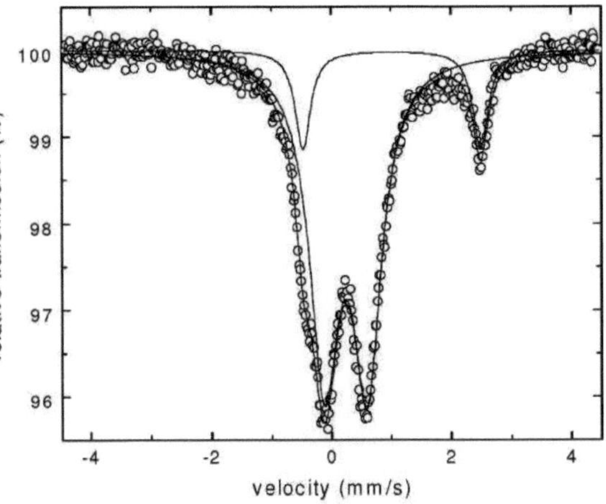

Fig. 2.2 Espectro Mossbauer de moscovite rica em

Tab.2.1. Parâmetros Mossbauer de micas brancas da unidade tectónica Tatric.

sample	*Fe^{2+}*		*Fe^{3+}*	
	A_{rel} (%)	*Δ (mm/s)*	*A_{rel} (%)*	*Δ (mm/s)*
poor-a	90	2.63	10	0.71
poor-b	86	2.63	14	0.71
poor-c	77	2.66	23	0.71
rich	21	2.95	79	0.73

Referências

[1] Sitek, J., Sulak, M., Putis, M., M., Toth, I.,. Alterações químicas da Wmca nas zonas de cisalhamento tectónico dos Cárpatos Ocidentais, registadas por microssonda eletrónica e espetroscopia Mossbauer. In: Pudis, D., Martincek, I., Jamnicky, I., (Eds.), *Actas da Conferência da APCOM,* Bystra, Eslováquia, 2007.

[2] Sulak M.,Kaindl R., Puti3 M.,Sitek J., Krenn K., Toth I. :Lithos **113,** (2009) 709 -730.

[3] Rieder, M., Cavazzini, G.D., Yakonov, Y., Frank-Kamanetskii, V., Gottardi, G., Guggenheim, S., Koval, P.V., Müller, G., Neiva, A.M.R., Radoslovich, E.W., Robert, J.L., Sassi, F.P., Takeda, H., Weiss, Z., Wones, D.R., *American Mineralogist* **36** (3), (1998) 905-912.

[4] Tischendorf, G., Rieder, M., Forster, H-J., Gottesmann, B., Guidotti, C.V., *Mineralogical Magazine* **68** (4), (2004) 649-667.

3. A tefra vulcânica como material do ambiente

As amostras de tefra inalterada são geralmente compostas por feldspato, vidro, piroxénio e olivina. Estes produtos de alteração vulcânica contêm, além disso, óxidos de Fe, filossilicatos, sulfatos e material amorfo contendo Al-Si. Para a caraterização da tefra, utilizam-se mais frequentemente a difração de raios X, a microanálise por sonda eletrónica, a microscopia eletrónica de varrimento e a microscopia eletrónica de transmissão, juntamente com técnicas espectroscópicas, incluindo a espetroscopia Mossbauer, a espetroscopia de emissão de infravermelhos de transmissão e de infravermelhos térmicos [1].

Recentemente, a tefra vulcânica foi aplicada como uma substância ecológica [2]. Foi proposta uma solução especial para a utilização da tefra, especialmente para a remoção de fosfatos de águas contaminadas.

Preparação da amostra

Existem abundantes minerais de tefra vulcânica, como recursos naturais. Neste caso, foi utilizado para o nosso estudo um tipo de depósito de tefra vulcânica do nordeste da China. A composição química da tefra vulcânica bruta foi analisada com um espetrómetro de raios X e os resultados obtidos são apresentados na Tabela. 2.1. [3].

Tabela. 3.1. Composição química da tefra vulcânica bruta.

Chemical composition	*wt %*
SiO_2	56.8%
Al_2O_3	23.4%
Fe_2O_3	4.7%
CaO	9.3%
TiO_2	3.6%
K_2O	1.0%
Na_2O	0.3%
MgO	0.9%

Os espectros Mossbauer de uma variedade de amostras de tefra no estrangeiro foram registados num espetrómetro Mossbauer padrão para identificar as espécies magnéticas ou não magnéticas. As amostras foram analisadas em forma de pó.

Resultados

Seis amostras diferentes de tefra foram analisadas por espetroscopia Mossbauer de transmissão. Todos os espectros registados podem ser caracterizados como muito semelhantes entre si. A Fig. 3.1 apresenta um espetro Mossbauer típico de tefra. O espetro é constituído por componentes magnéticos e não magnéticos (o componente magnético representa cerca de 11 % e o componente não magnético cerca de 89 % de toda a área do espetro).

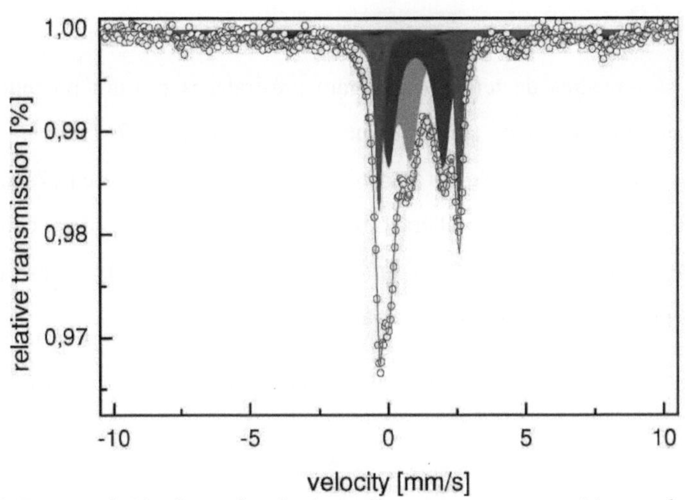

Fig. 3.1. Espectro de Mossbauer da tefra (vermelho - componente magnético, verde escuro - piroxénio, azul - olivina, verde claro - espécies de Fe^{3+}).

Todos os parâmetros dos espectros Mossbauer medidos estão listados na Tab. 3.2. Os valores da divisão magnética hiperfina (48,69 T e 44,97 T) indicam que o componente magnético corresponde à estrutura da magnetite dos elementos de substituição. As concentrações relativas dos componentes magnéticos correspondentes são de 6% e 7%, respetivamente. De acordo com a composição estrutural, pode supor-se que tal composição pode ser atribuída a uma titanomagnetite. Algum tipo de espinélio, hematite ou titanomaghemite tem sido frequentemente encontrado como componentes magnéticos da tefra [1, 4]. Os componentes não magnéticos contêm dois duplos quadrupolos que representam espécies de Fe^{2+} e um duplo que representa Fe^{3+} . De acordo com os valores dos parâmetros Mossbauer, os dois primeiros duplos são muito semelhantes ao piroxénio (divisão quadrupolar de QS_1 = 2,91 mm/s), olivina (QS_2 = 2,01 mm/s) e filossilicato, aluminossilicato ou óxido de ferro FeO (QS_3 = 0,81 mm/s). Estes componentes não magnéticos também foram encontrados noutros tipos de tefra vulcânica [1, 5].

Tab.3.2. Parâmetros dos espectros de Mossbauer.

A_{M1}	A_{M2}	H_1	H_2	A_{Q1}	A_{Q2}	A_{Q3}	QS_1	QS_2	QS_3	IS_1	IS_2	IS_3
[%]		[T]					[mm/s]			[mm/s]		
6	7	48.69	44.97	21	34	32	2.91	2.01	0.81	1.13	0.99	0.39

Algumas das amostras de tefra bruta foram pré-tratadas por um procedimento de lixiviação assistida por ácido com diferentes concentrações de fosfato para medições da isoterma de adsorção [3]. Nestas amostras modificadas com diferentes ácidos foram observadas algumas ligeiras alterações (as razões relativas dos componentes magnéticos e não magnéticos são apresentadas na Tab. 3.3). Todos os outros parâmetros permaneceram muito semelhantes.

Tab. 3.3: Componentes magnéticos e não magnéticos nas amostras estudadas.

sample	A_M [%]	A_Q [%]
1	10	90
2	12	88
3	11	89
4	16	84
5	14	86
6	13	87

As medições efectuadas confirmaram uma composição padrão de tefra vulcânica baseada nos componentes da fase de ferro. Apenas foram observadas diferenças insignificantes nos espectros Mossbauer registados entre todas as amostras estudadas.

Referências

[1] J. L. Bishop, P. Schiffman, E. Murad,M. Darby Dyar, A. Drief e M. D. Lane, Clays and Clay Minerals, 55,1(2007) 1-17.

[2] Chmielewskâ, E., Sabova, L., Sitek, J., Gâplovskâ, K., Morvovâ, M.: Fresenius Environmental Bulletin 19, 5, (2010) 884-891.

[3] Sitek J., Dekan J., Fang X., Xiaoli F., Chmielewska E.: Proc.Int.Conf. Espectroscopia Mossbauer em Ciência dos Materiais 2012, Eds. J.Tucek e L.Machala, AIP, Nova Iorque, 2012, pp 174 -178.

[4] Chmielewskâ, E., Sabovâ, L., Wu, A. Aranyosiovâ, M., Velic, D.: ANNALES Chemia Universitatis M.C. Sklodowska 4, (2007) pp. 35- 48.

[5] H. P. Gunnlaugsson , K. A. Olsen , S. Steinthorsson e P. N0rnberg, Geophysical Research Abstract, 13 (20011) 3713.

4. Análise de rochas vulcânicas

^{57}A espetroscopia Mossbauer de Fe foi utilizada para o estudo de rochas basálticas devido à abundância de ferro nos tipos de rochas dominantes. Os espectros Mossbauer de amostras de basalto a granel podem normalmente ser analisados em termos de componentes atribuídos ao Fe^{2+} no piroxénio ((Mg,Fe,Ca)SiO_3), olivina ((Mg,Fe)$_2SiO_4$) e um componente Fe^{3+} atribuído ao ferro férrico que normalmente não é possível atribuir a nenhuma espécie mineral específica. Os componentes magnéticos incluem os óxidos de ferro puro de magnetite do tipo espinélio (Fe_3O_4) e maghemite (γ-Fe_2O_3) e a hematite romboédrica (α-Fe_2O_3). Nos materiais naturais, as impurezas entram nas estruturas, sendo o titânio a mais importante. O principal mineral magnético primário no basalto do fundo do oceano é a titanomagnetite ($Fe_{3-x}Ti_x O_4$), que sofre oxidação/maghemitização progressiva durante a alteração a baixa temperatura para titanomaghemite que pode geralmente ser caracterizada como espinélio com Ti/Fe variável [1, 2]. Foram também analisados diferentes óxidos de ferro criados nas rochas vulcânicas durante a sua meteorização na superfície terrestre. Em ambos os casos, comparámos os nossos resultados com a composição de rochas basálticas de diferentes locais da Terra.

Preparação da amostra

Neste trabalho analisámos a rocha basáltica de duas áreas:

1. do vulcão Monte Batur, situado na ilha de Bali, na Indonésia (Fig. 4.1);
2. de Lanzarote, que é a ilha mais oriental das Ilhas Canárias, situada no Oceano Atlântico. Nasceu através de erupções ardentes e tem fluxos de lava solidificada, bem como extra.
3. formações rochosas vagabundas.

Mount Batur and lake, highest point
Elevation 1,717 m (5,633 ft)
Coordinates 8°14'31.2"S 115°22'30"E
Location Bangli Regency, Bali, Indonesia

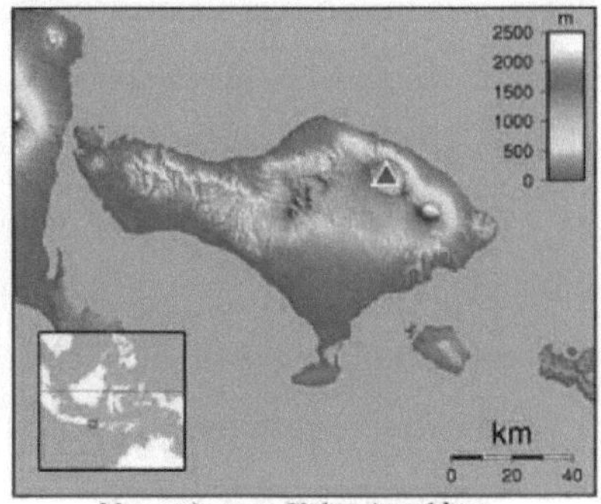

Mountain type Volcanic caldera
Last eruption 1999 to 2000

Fig.4.1. Localização da amostra do Monte Batur.

As amostras foram preparadas em forma de pó. O pó foi obtido por raspagem da superfície e também da parte interna da amostra.

Resultados e discussão

Os espectros Mossbauer de rochas vulcânicas são mostrados nas Fig. 4.2 e 4.3, respetivamente. Os espectros consistem em componentes relacionados com fases portadoras de ferro com diferentes conteúdos. Após o processo de avaliação, verificámos que a fração magnética é constituída por dois componentes e a fração não magnética por quatro componentes. Os valores da indução do campo magnético interno da fração magnética hiperfina (H 1, H 2) e da fração quadrupolar (QS 1, QS 2, QS 3, QS 4) dos componentes não magnéticos são apresentados na Tab. 4.1.

O doublet com divisão quadrupolar de cerca de 2,75 mm/s representa a olivina, dois doublets com QS na gama de 1,90 - 2,02 mm/s correspondem ao clinopiroxénio. Estes dois componentes contêm ferro sob a forma de Fe^{2+}. O terceiro dupleto corresponde ao componente Fe^{3+} do clinopiroxénio ou a pequenas partículas de ferro. A parte magnética inclui óxidos de ferro de magnetite do tipo espinélio. De acordo com a divisão magnética hiperfina, a magnetite contém algum tipo de impurezas. Nos materiais naturais, as impurezas entram normalmente nas estruturas e a mais importante é o titânio. Os valores da divisão magnética hiperfina indicam que o componente magnético corresponde muito provavelmente à titanomagnetite. Comparando a parte magnética e não magnética, verificámos que a sua quantidade relativa é semelhante em ambas as amostras. Por outro lado, podemos observar alterações na parte não magnética, se compararmos o rácio Fe2+/Fe^{3+} do clinopiroxeno. Este rácio é de 1,14 para a amostra da superfície e de 1,59 para a amostra do interior. Isto é uma evidência de processos de oxidação mais fortes na superfície.

O espetro Mossbauer de uma rocha vulcânica da ilha de Lanzarote é apresentado na Fig. 4.3. O espetro é constituído por mais componentes relacionados com diferentes fases de ferro de diferentes conteúdos. Após o processo de avaliação, descobrimos que a fração magnética pode ser refinada por dois componentes e a fração não magnética pode ser melhor ajustada por quatro componentes. Os valores da indução média do campo magnético interno da fração magnética hiperfina (H 1, H 2) e das fracções quadrupolo (QS 1, QS 2, QS 3, QS 4) dos componentes não magnéticos são apresentados na Tab. 4.2.

O doublet com divisão quadrupolar de cerca de 2,94 mm/s representa a olivina, o doublet com QS de 2,13 mm/s corresponde ao clinopiroxénio. Ambos os componentes contêm ferro na forma de Fe^{2+} . O terceiro dupleto com QS de 0,63 mm/s corresponde ao Fe^{3+} no clinopiroxénio ou a pequenas partículas de ferro. O quarto componente com QS de 0,88 mm/s representa a ilmenite. O componente magnético inclui óxidos de ferro de magnetite do tipo espinélio. Os valores da divisão magnética hiperfina indicam que a magnetite contém também algum tipo de impurezas e corresponde muito perto da titanomagnetite.

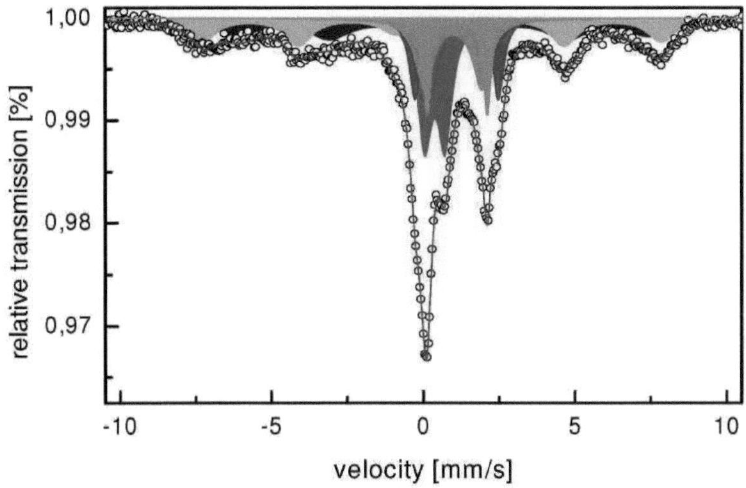

Fig.4.2. Espectro Mossbauer da superfície da amostra do Monte Batur.

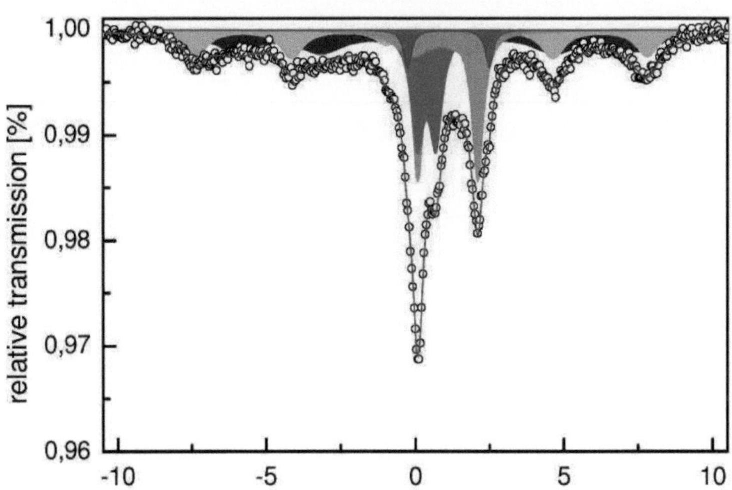

Fig.4.3. Espectro Mossbauer do interior da amostra do Monte Batur.

Tab.4. 1. Parâmetros dos espectros de Mossbauer. IS- Deslocamento de isómeros, QS- Divisão do quadrupolo, B- Campo magnético interno, A- Área do subespectro, i- Amostra do interior, s- Amostra da superfície da amostra.

Sample	*Component*	*IS [mm/s]*	*QS [mm/s]*	*B [T]*	A_{rel} *[%]*
surface	H1s	0.29	0.02	46.9	21
	H2s	0.77	-0.13	41.9	23
	QS1s	1.10	2.75		11
	QS2s	1.12	1.99		9
	QS3s	0.38	0.67		21
	QS4s	0.99	1.90		15
inside	H1i	0.24	-0.02	47.1	19
	H2i	0.75	-0.03	42.1	29
	QS1i	1.12	2.75		4
	QS2i	1.10	2.02		21
	QS3i	0.38	0.62		17
	QS4i	0.86	1.92		10

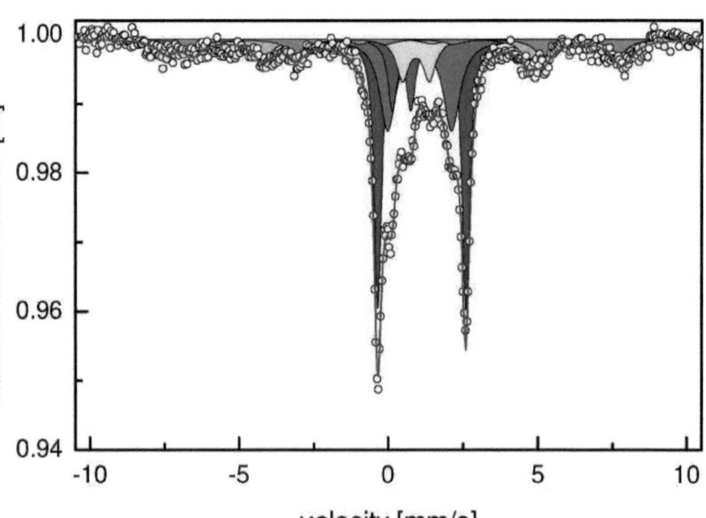

Fig.4.3. Espectro Mossbauer da amostra vulcânica da ilha de Lanzarote.

Tab. 4.2.. Parâmetros dos espectros de Mossbauer (MS) da amostra vulcânica da ilha de Lanzarote (IS-deslocamento de isómeros, QS- divisão do quadrupolo, B- campo magnético interno, A- área do subespectro).

Component	*IS* *[mm/s]*	*QS* *[mm/s]*	*B* *[T]*	A_{rel} *[%]*
H1	0.24	0.00	47.8	12
H2	0.80	0.47	44.3	15
QS1	1.12	2.94	-	34
QS2	1.05	2.13	-	25
QS3	0.44	0.63	-	10
QS4	0.92	0.88	-	8

Comparando a fração relativa do componente magnético com a do componente não magnético, verificamos que a quantidade relativa da parte magnética é muito menor em comparação com a quantidade do componente não magnético (27% e 73%, respetivamente). A relação entre o Fe^{2+} e o Fe^{3+} também foi determinada e é igual a 3,28, o que indica uma fase do processo de oxidação. Se compararmos este valor com resultados de outras rochas basálticas [3], pode assumir-se que a oxidação não foi forte.

Os parâmetros do clinopiroxénio são normalmente utilizados para comparar rochas vulcânicas basálticas de diferentes origens, porque cada fase mineral tem uma assinatura Mossbauer única, dependendo da localização e das características de ligação do ferro na estrutura cristalina. A comparação de amostras de diferentes locais é apresentada na Tab. 4.3. Como é óbvio a partir dos valores listados na tabela, os parâmetros das amostras investigadas do Monte Batur e da Ilha de Lanzarote correspondem muito de perto aos das outras rochas vulcânicas basálticas. As diferenças foram, no entanto, encontradas na intensidade das linhas espectrais e na quantidade relativa das fases individuais de ferro, o que é típico para amostras provenientes de diferentes localidades.

Tab.4.3. Comparação dos parâmetros dos espectros Mossbauer de diferentes rochas basálticas.

Locality	*Parameters*		
	IS [mm/s]	*QS [mm/s]*	*ref*
QueenAnns. North Carol.	1.10	2.20	[1]
Lower Silesia, Poland	1.04	2.08	[3]
Mont Batur, Bali	1.10	2.02	[5]
Hawai	1.08	2.04	[4]
Lanzarote	1.05	2.13	[6]

Para além da técnica de espetroscopia Mossbauer, a amostra da ilha de Lanzarote foi analisada quanto à sua composição elementar básica através do método de análise de fluorescência de raios X. Os espectros de fluorescência de raios X foram obtidos com o espetrómetro de raios X Amptek X123 Complete e analisados pelo programa Amptek ADMCA. O sistema de instrumentação permite identificar elementos com número atómico 11 e superior. O espetro é apresentado na Fig. 4.4, onde estão assinalados os picos correspondentes aos principais elementos constituintes. A análise do espetro revelou que os principais picos correspondem a radiações características do ferro (linhas Fe Kα e Fe Kβ), como esperado. Em concentração relativamente alta pode ser encontrado Ca compreendido no piroxénio. Outros elementos identificados no espetro foram Ni, Ti, Si, Cu, Cr, Zn, K e Zr, dos quais o Ti provém da titanomagnetite e o Si está presente no piroxénio e na olivina. Como as intensidades das suas linhas de raios X características são consideravelmente mais baixas em comparação com o ferro e o cálcio, supõe-se que os respectivos elementos estejam presentes na amostra em concentrações mais baixas.

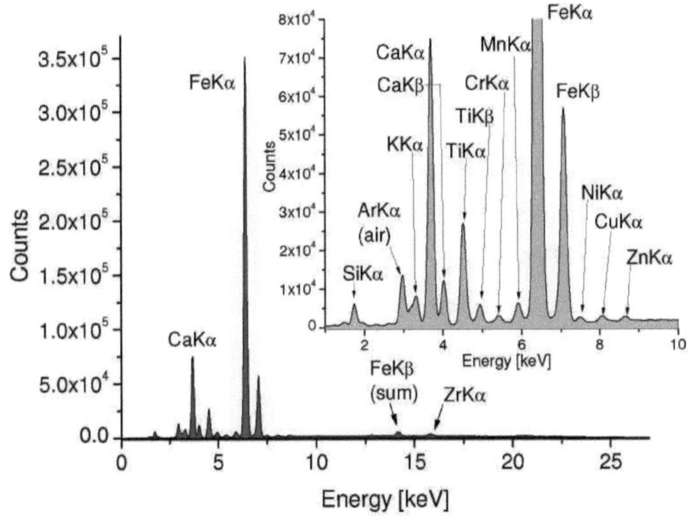

Fig. 4.4. Espectro de fluorescência de raios X da amostra da ilha de Lanzarote.

Referências

[1] J.W. Miller, K.M. Whatley, J.E. Callahan, J.R. Craig: *Southeastern Geology,* **40**, 59 (2001).

[2] H.P. Gunnlaugsson, H. Rasmussen, L. Kritjanssan, S. Steinhorsson, O. Helgason, P. Norberg, M.B. Madson, S. Morup: *Hyperfine Interaction,* **182,** 87 (2008).

[3] N. Bakun-Czubarov, J. Galazka-Friedman, J. Suwalski, K. Szpila: *Archivum Mineralogiczne,* **49,** 3, (1993).

[4] D.C. Golden, R.V.Morris, D.W. Ming, H.V. Lauer, S.R. Yang: *Journal of Geophysical research,* **98,** 3401, (1993).

[5] Sitek J., Dekan J., :Proc.Int.Conf.Applied Physics of Condensed Matter Eds.J.Vajda e I.Jamnicky, Strbske Pleso, 2012, pp.71 -74

[6] Sitek J., Sedlackova K., Dekan J., :Proc.Int.Conf.Applied Physics of Condensed Matter Eds.J.Vajda and I.Jamnicky, Strbske Pleso, 2013, pp.66 -69.

5. Rochas da parte ocidental da Antárctida

Os estudos paleomagnéticos de rochas podem fornecer informações fundamentais sobre a variação temporal do campo magnético da Terra [1-4]. Foi realizada uma investigação paleomagnética complexa de uma coleção representativa de amostras da parte ocidental da Península Antárctica (perto da base antárctica ucraniana Academik Vernadsky) e os resultados podem ser encontrados em [5]. A idade do complexo ígneo varia entre 58 e 106 milhões de anos. É necessário revelar a composição química e a distribuição do tamanho das fontes do campo magnético nas rochas para obter uma interpretação correcta dos dados [5]. O estudo de microscopia eletrónica apresentado em [5] indica a presença de inclusões magnéticas de tamanho nanométrico nas rochas investigadas. Foram também obtidas informações sobre a composição elementar, a função de distribuição de tamanhos e a fração de volume das inclusões magnéticas em função da direção paleomagnética.

A espetroscopia Mossbauer foi utilizada para a análise de fase de compostos contendo ferro com o objetivo de identificar fracções magnéticas e não magnéticas nas rochas seleccionadas de diferentes localidades. Os dados obtidos deverão elucidar a dependência direcional da composição, estrutura, fração de volume e tamanho das inclusões magnéticas nas rochas da parte ocidental da Península Antárctica.

Preparação das amostras

As amostras investigadas são rochas policristalinas compostas por várias fases. As amostras de duas classes, ou seja, gabro e granodiorito, foram recolhidas em diferentes localidades da parte ocidental da Península Antárctica, como se mostra na Fig.5.1. Estes espécimes são: um granodiorito da Ilha Petermann, um gabro do Cabo Tuxen, da Islândia do Anagrama, da Ponta do Cabo e do Peterman (Ilha do Noroeste) e um granodiorito dos Barchans (Ilha do Sul) e da Ilha da Roca.

O gabro é uma rocha de cor escura, que contém normalmente mais de 90% de piroxénio. O gabro pode também conter pequenas quantidades de olivina, anfibólio e biotite, bem como pequenas quantidades, normalmente poucos por cento, de óxidos de ferro-titânio, como a magnetite e a ilmenite. O granodiorito é uma rocha ígnea intrusiva de textura fanerítica semelhante ao granito. Em comparação com o granito, contém mais feldspato plagioclásio do que feldspato ortoclásio. O granodiorito tem mais de 20% de quartzo em volume, e entre 65% e 90% do feldspato é plagioclásio. Contém pequenas quantidades de mica muscovite, biotite e anfibólios. Podem também estar presentes pequenas quantidades de minerais de óxido, tais como magnetite, ilmenite, bem como alguns minerais de sulfureto.

As amostras para a experiência Mossbauer foram estudadas na forma de pó.

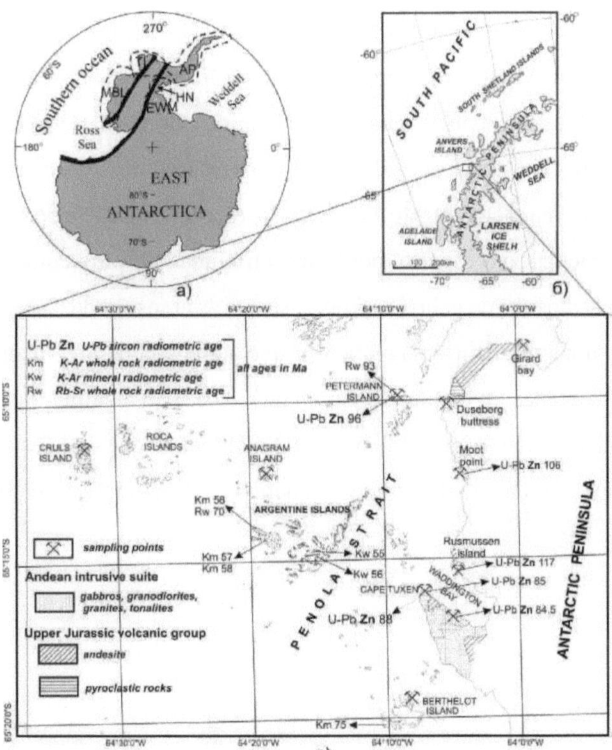

Fig.5.1. Localidades das colecções de amostras.

Resultados

Os espectros Mossbauer foram medidos à temperatura ambiente utilizando um espetrómetro Mossbauer padrão com geometria de transmissão. Cada amostra foi medida durante cerca de 5 dias, com contagens de 5 milhões de impulsos por canal. Os parâmetros hiperfinos dos espectros, incluindo a área relativa dos componentes (A_{rel}), o desvio de isómeros (IS), a divisão quadrupolar (QS), bem como o campo magnético hiperfino interno (B_{hf}), foram avaliados pelo programa CONFIT [6]. A precisão na sua determinação é de cerca de 1% para a área relativa, 0,04 mm/s para o desvio de isómeros e a divisão quadrupolar e cerca de 0,5 T para o campo magnético hiperfino. Os espectros Mossbauer são constituídos por muitos subespectro que se sobrepõem. A fim de os distinguir corretamente, foi aplicado um modelo de ajuste com uma sobreposição de componentes magnéticos e não magnéticos.

Os espectros Mossbauer das rochas gabro são mostrados na Fig. 5.2, Fig. 5.3 e na Fig. 5.4. Os parâmetros Mossbauer correspondentes são apresentados na Tab. 5.1. Os espectros dos gabros foram avaliados por três duplos e dois sextetos. Os resultados da análise dos gabros mostram que, de acordo com os valores do campo magnético hiperfino, a parte magneticamente dividida do espetro corresponde à magnetite. A parte não magnética do espetro pode ser atribuída ao piroxénio e à ilmenite. Comparando as amostras de gabro, verificou-se que as amostras de Cape Tuxen e Cape Point continham componentes magnéticos e que a amostra de Peterman, North West Island, continha apenas componentes paramagnéticos. Isto significa que o gabro tem composições diferentes na área da Península Antárctica, o que pode estar relacionado com as mudanças de direção do campo magnético da Terra entre 58 e 108 milhões de anos atrás.

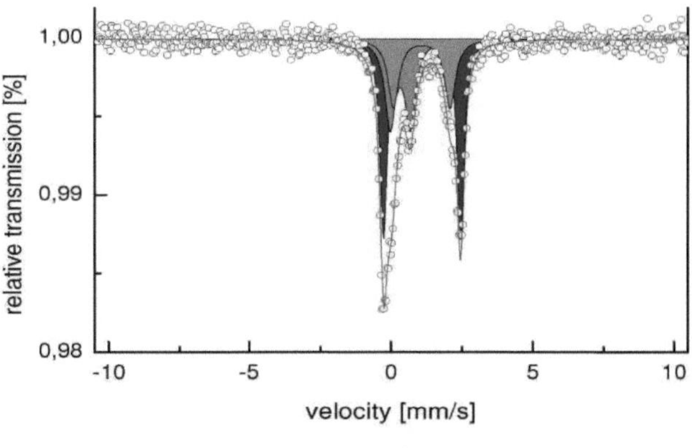

Fig.5.2. Espectro Mossbauer de gabro - Peterman.

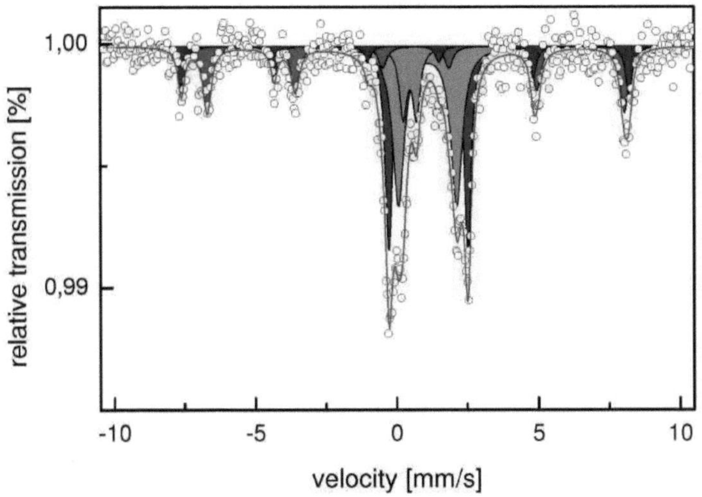

Fig.5.3. Espectro Mossbauer de gabro - Ilha do Noroeste.

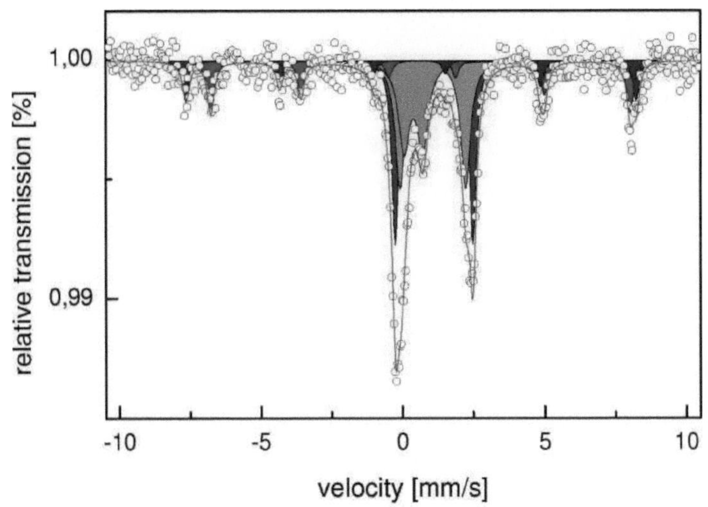

Fig.5.4. Espectro Mossbauer de gabro - Cape Point.

O mesmo fenómeno foi observado no caso do granodiorito. Os espectros Mossbauer estão representados na Fig. 5.5 e na Fig. 5.6. A amostra de Barchans contém magnetite, piroxénio e ilmenite; e o granodiorito de Peternam contém apenas componentes paramagnéticos, como piroxénio e ilmenite. Em todas as amostras, a fase dominante é o piroxénio. Nas amostras de gabro, a parte da magnetite é de cerca de 30 por cento, e no granodiorito é de aproximadamente 20 por cento. Os parâmetros Mossbauer do campo magnético interno B são em todos os casos estáveis, o que indica que a magnetite contém uma quantidade muito baixa de elementos de substituição. Por outro lado, pequenas variações nos parâmetros do piroxénio e da ilmenite indicam impurezas ou alterações na estrutura cristalina. Também não se podem excluir pequenos vestígios de olivina ou outros minerais. Há que ter em conta que os parâmetros Mossbauer do mesmo tipo de minerais podem diferir consoante a localidade.

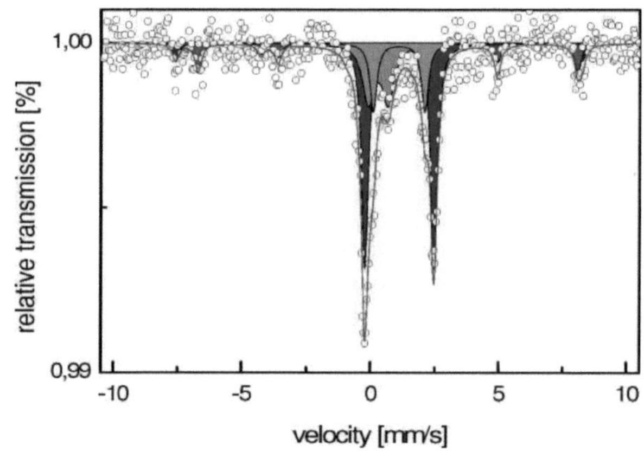

Fig.5.5. Espectro Mossbauer de granodiorito - Barchans, Ilha do Sul.

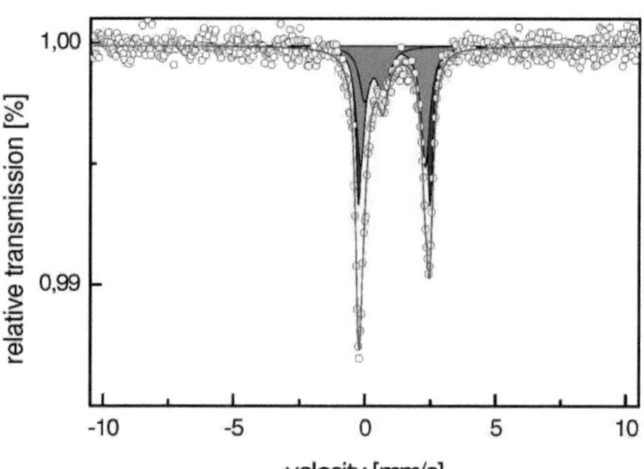

Fig.5.6. Espectro Mossbauer de granodiorito - Ilha Peterman.

Tab. 5.1. Parâmetros dos espectros Mossbauer de diferentes localidades. IS-deslocamento de ***isómeros****, QS-divisão do quadrupolo, B-indução* ***magnética*** *do campo magnético interno, A- quantidade relativa dos componentes.*

Locality	*IS [mm/s]*	*QS [mm/s]*	*B [T]*	A_{rel} *[%]*
Peterman North West Island (gabbro)	1.11	2.72		47
	1.09	1.99		24
	0.33	0.71		29
Cape Tuxen (gabbro)	1.13	2.79		26
	1.00	2.05		33
	0.47	0.46		9
	0.27	0.04	49.08	12
	0.68	0.01	45.77	20
Cape Point (gabbro)	1.13	2.73		26
	1.08	2.31		27
	0.39	0.65		20
	0.28	0.03	49.25	12
	0.67	0.08	45.97	15
Barchans South Island (granodiorite)	1.12	2.68		45
	1.11	1.99		15
	0.30	0.77		21
	0.33	0.01	49.23	7
	0.68	0.01	45.96	12
Peterman Island (granodiorite)	1.11	2.71		36
	1.06	2.46		43
	0.33	0.71		21

Foram também efectuadas medições de XRD e SANS nas amostras para determinar a sua composição. Os dados obtidos nas experiências XRD e SANS estão resumidos nas referências [1-5] e concordam com os resultados da experiência Mossbauer. A experiência XRD indica sem ambiguidade a presença de fases paramagnéticas de NaAlSi O_{38} , CaAl2Si O_{28} , e Ca(Ti, Mg, Al) ($SiAl_2$). As conhecidas fases ferromagnéticas não foram detectadas na experiência XRD. De acordo com SANS, as rochas do Cabo Tuxen têm as propriedades ferromagnéticas mais fortes devido à presença de magnetite com um tamanho médio de cerca de 29 nm. Os resultados obtidos serão utilizados para explicar a relação entre os componentes magnéticos das rochas e a direção do campo magnético terrestre, tal como é discutido em [5].

Referências

[1] Perrin M. , Shcherbakov V.P. : *J. Geomagn. Geoelec.* 49, № 4, (1997) 601-614.

[2] Valet J.-P: *Rev. Geophys.* , 41, № 1, (2003) p. 1004.

[3] Poblete F., Arriagada C., Roperch P., Astudillo N., Herve F., Kraus S. Le Roux: *Earth Planet. Sci. Lett.* 302(3-4),(2011) 299-313.

[4] Gokhman A, Ulbricht A., Birkenheuer U., Bergner F.: *Solid State Phenomena,* , 172-174, (2011) 449-457.

[5] Shcherbakova V.V., Bakhmutov V.G., Shcherbakov V.P., Zhidkov V.G., Shpyra V.V., Vynogradov Yu.K.:*Ukrainian Antarctic Journal, №10-11*, (2011)48-86.

6. Análise dos meteoritos eslovacos

Os minerais que contêm ferro são componentes importantes de todos os meteoritos e podem conter muita informação sobre a sua história. ^{57}A espetroscopia de Fe Mossbauer é útil para a sua caraterização porque fornece informações valiosas sobre o ambiente atómico dos núcleos de ferro e, por conseguinte, leva à identificação direta dos compostos de ferro e dos seus estados químicos. O ferro está presente nas amostras sob a forma de Fe^{2+} ou Fe^{3+} em componentes não magnéticos e ferromagnéticos. Com base nos estudos exaustivos efectuados na crosta exterior de um grande número de condritos ordinários intemperizados, foram encontrados produtos de intemperização como akagenit, goethite, lepidocrocite, maghemite e magnetite.

Foi demonstrado que diferentes classes de meteoritos exibem formas características de espectros Mossbauer e, quando um procedimento de avaliação apropriado é aplicado, uma análise Mossbauer de "impressão digital" pode ser feita rapidamente para obter uma classificação fiável do meteorito [1,2].

A composição básica dos condritos comuns é bem conhecida a partir da análise de diferentes quedas de meteoritos [3,4]. Os condritos ordinários exibem espectros Mossbauer compreendendo 4 componentes principais correspondentes a 4 minerais portadores de ferro como olivina, piroxénio, troilite e liga metálica (liga Fe-Ni, kamacite/taenite). O conteúdo da fração metálica varia entre 10 e 25% para os condritos H e é muito inferior para os condritos L, geralmente abaixo de 5%. Os condritos LL exibem uma fração ainda mais baixa da fase metálica.

Os meteoritos do tipo condrito caem mais ou menos uniformemente sobre a superfície da Terra e, assim, fornecem amostras para estudar os processos de meteorização em ambientes muito diferentes. A crosta externa de um grande número de condritos ordinários intemperizados mostra a presença de produtos de intemperismo tais como akaganeite, goethite, lepidocrocite, maghemite e magnetite [5,6].

O meteorito Kosice caiu na Eslováquia sob a forma de pequenos pedaços e foram recuperados 77 pequenos fragmentos de pedra com um peso total de 4,3 kg. O meteorito Rumanovâ foi encontrado em 1996 perto da aldeia de Rumanovâ, na Eslováquia ocidental. O seu peso era de 4,3 kg e a densidade de 3,53 g.cm^{-3} [7]. Ambos os meteoritos pertencem ao grupo do tipo condrito. Os métodos de relógio radioativo estabeleceram que os condritos se formaram há 4,5 mil milhões de anos [8,9].

Preparação da amostra

A fim de investigar a composição heterogénea do fragmento do meteorito Kosice, a pedra foi raspada para reduzir o material a pó. Este processo foi efectuado passo a passo, começando na crosta exterior (amostra 1) em direção ao centro da peça de meteorito (amostra 6 - a parte mais interior). Desta forma, foram obtidas seis amostras de pó provenientes de diferentes profundidades da pedra. A última camada raspada atingiu a profundidade de aproximadamente 1 mm a partir do topo da amostra. Os espectros Mossbauer das amostras em pó foram registados à temperatura ambiente e à temperatura do azoto líquido. O sistema criogénico foi ajustado para um longo período de medição à pressão de 10^{-2} Pa. Os espectros Mossbauer dos meteoritos investigados são constituídos por muitos subespectro que se sobrepõem. A fim de os distinguir corretamente, foi aplicado um modelo de ajuste baseado na sobreposição de componentes magnéticos e não magnéticos [10].

Os principais elementos constituintes de ambos os meteoritos foram também determinados por análise de fluorescência de raios X. Os espectros de fluorescência de raios X do meteorito foram obtidos utilizando o espetrómetro de raios X completo Amptek X-123 com detetor Si-PIN e analisados utilizando o programa Amptek ADMCA e XRF-FP (Amptek 2012). O sistema de instrumentação permite identificar elementos com número atómico 11 e superior.

Resultados

O espetro de Mossbauer da amostra do meteorito Kosice recolhido à temperatura ambiente é mostrado na Fig. 6.1 e os parâmetros correspondentes dos espectros de Mossbauer são dados na Tab. 6.1. O processo de avaliação mostrou que a fração magnética do espetro é constituída por dois componentes. O primeiro componente representado pelo sexteto com campo magnético hiperfino B_{hf} de 33,6 T pertence à fase metálica contendo ferro na forma de kamacite. A presença de traços de cobalto nesta fase também pode ser considerada. O segundo componente representado pelo sexteto com B_{hf} de 31,3 T está relacionado com a troilite (FeS). A fração não magnética dos espectros Mossbauer é avaliada como uma sobreposição de três duplos quadrupolos. Dois duplos com uma divisão de quadrupolo de 2,95 mm/s e 2,10 mm/s são incorporados para avaliar duas fases diferentes de Fe^{2+} , *ou seja,* olivina e piroxénio, respetivamente. O terceiro subespectro utilizado para descrever a fase não magnética é um dupleto com divisão de quadrupolo de cerca de 0,69 mm/s e um desvio de isómero típico do ferro oxidado Fe^{3+} . Uma quantidade vestigial de Fe^{3+} foi também encontrada em muitos outros meteoritos [3], mas é normalmente inferior a 5 %.

A fim de confirmar o modelo de ajuste, foi efectuada uma medição à temperatura do azoto líquido (LNT) e os parâmetros Mossbauer correspondentes também podem ser encontrados na Tab. 6.1. A medição confirmou a composição de fases da amostra investigada e excluiu a presença de óxidos de ferro sob a forma de pequenas partículas superparamagnéticas. Outra forma de verificar um modelo de ajuste dos espectros de Mossbauer aplicável no caso de amostras em pó é a separação mecânica de uma fração magnética e de uma fração não magnética. Este procedimento foi efectuado na amostra 3 utilizando um íman manual. O espetro de Mossbauer resultante da parte magneticamente separada da amostra é mostrado na Fig. 6.2 e os respectivos parâmetros podem ser encontrados na Tab. 6.2. Como esperado, o espetro mudou quantitativamente e os componentes magnéticos dominam. Um teor extremamente elevado de kamacite em comparação com a troilite é óbvio, como esperado.

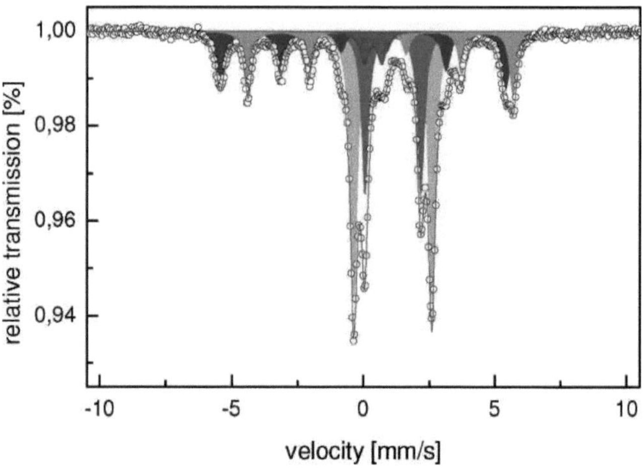

Fig.6.1. Espectro Mossbauer do meteorito Kosice medido à temperatura ambiente (RT).

Tab.6.1. Parâmetros dos espectros Mossbauer de Kosice medidos à temperatura ambiente (em cima) e ao LNT (em baixo).

Component	A_{rel} *[%]*	*IS [mm/s]*	*QS [mm/s]*	B_{hf}*[T]*	*Γ [mm/s]*
			RT		
kamacite	23	-0.02	-0.02	33.6	0.39
troilite	13	0.73	-0.16	31.3	0.30
olivine	39	1.12	2.95		0.32
pyroxene	23	1.12	2.10		0.30
Fe^{3+}	4	0.38	0.69		0.40
			LNT		
kamacite	16	0.05	-0.03	34.1	0.46
troilite	14	0.76	-0.14	32.1	0.38
olivine	43	1.16	3.03		0.45
pyroxene	20	1.16	2.14		0.42
Fe^{3+}	6	0.41	0.76		0.54

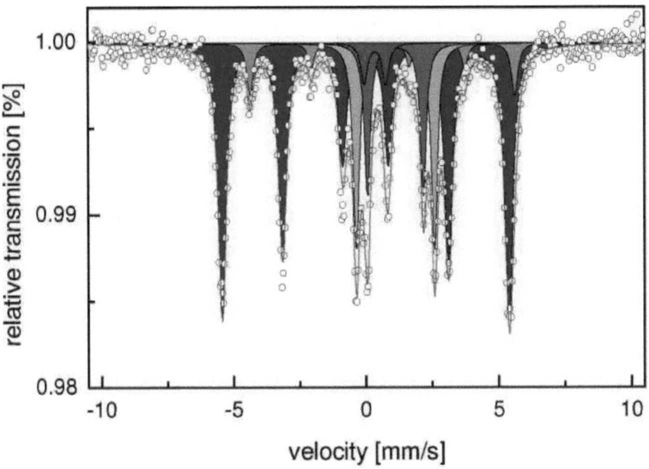

Fig.6.2. Espectro Mossbauer do meteorito Kosice após separação magnética.
Tab.6.2. Parâmetros do espetro de Kosice Mossbauer após separação magnética.

Component	A_{rel} *[%]*	*IS [mm/s]*	*QS [mm/s]*	B_{hf} *[T]*	*Γ [mm/s]*
kamacite	61	-0.01	-0.01	33.6	0.37
troilite	8	0.74	-0.23	31.0	0.28
olivine	16	1.12	2.94		0.28
pyroxene	12	1.12	2.10		0.28
Fe^{3+}	3	0.36	0.81		0.29

A fim de seguir o perfil de profundidade da composição das fases do meteorito, foram investigadas seis amostras diferentes do meteorito Kosice. O espetro Mossbauer à temperatura ambiente da sexta amostra (camada interior) é apresentado na Fig. 6.3. Se comparado com o espetro e os respectivos parâmetros da amostra 2 apresentados na Fig. 6.1 e Tab. 6.1, respetivamente, não são visíveis diferenças qualitativas. No entanto, podem ser observadas alterações quantitativas pronunciadas nas áreas de absorção relativas dos componentes magnéticos e não magnéticos. Os parâmetros Mossbauer também mostram que a quantidade da fração magnética correspondente à kamacite e à troilite aumenta da superfície para o centro do meteorito investigado. Dentro deste componente magnético, a kamacite aumentou rapidamente e a troilite diminuiu em direção ao meio da amostra. Os parâmetros Mossbauer de todas as seis amostras investigadas estão resumidos na Tab. 6.4, destacando-se a mudança mais evidente nas fracções relativas de kamacite e troilite. Os resultados obtidos indicam que as fases de ferro não estão distribuídas uniformemente no interior do fragmento de meteorito. Na última coluna da Tab. 4, é apresentada a razão entre a área de olivina e a de piroxénio. De acordo com [2, 3], a área de olivina para piroxénio dos meteoritos do grupo dos condritos H tende a ocupar uma zona abaixo de 1,9. Como é óbvio a partir dos valores do rácio olivina-piroxeno derivados dos resultados do ajuste, foi alcançado um bom acordo com a classificação conhecida do meteorito Kosice.

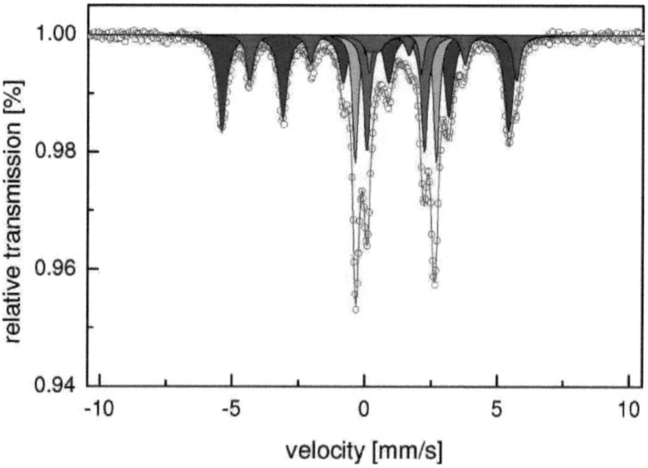

Fig.6.3. Espectro RT Mossbauer do meteorito Kosice (amostra 6 - a parte mais interior).

Tab.6.3. Parâmetros do espetro de Kosice Mossbauer (amostra 6) medidos à temperatura ambiente.

Component	A_{rel} [%]	*IS* [mm/s]	*QS* [mm/s]	B_{hf} [T]	Γ [mm/s]
kamacite	34	0.01	-0.01	33.6	0.39
troilite	12	0.76	-0.16	31.3	0.32
olivine	31	1.14	2.95		0.31
pyroxene	19	1.14	2.10		0.32
Fe^{3+}	4	0.38	0.76		0.47

Análise de fluorescência de raios X

A análise por fluorescência de raios X é amplamente utilizada para medir a composição elementar de diferentes materiais. Este método revelou-se útil também no domínio da meteorítica porque permite distinguir rapidamente, de forma simples e não destrutiva, diferentes tipos de meteoritos [11].

A análise XRF foi utilizada para avaliar e comparar a composição elementar dos meteoritos. A gama de energia recomendada é de 1,5 a 25-40 keV [11]. O espetro do meteorito é mostrado na Fig. 6.4. Os picos principais correspondem à radiação caraterística do ferro (linhas Fe K_α e Fe K_β). As intensidades de outros picos revelados nos espectros são consideravelmente mais baixas em comparação com o ferro e foram atribuídas a Ni, Cr, Mn, Ca, Si, S, Mg e Al, que são todos constituintes típicos de meteoritos do tipo condrito. A presença de alumínio pode, no entanto, provir em parte de materiais próximos do detetor. Os picos de árgon nos espectros são totalmente devidos a interferências ambientais (ar exterior).

Tab.6.4. Parâmetros dos espectros Mossbauer de seis amostras do meteorito Kosice (amostra 1 - camada exterior, amostra 6 - parte interior).

Sample, measuring temperature	*olivine [%]*	*pyroxene [%]*	*troilite [%]*	*kamacite [%]*	*Fe^{3+} [%]*	*olivine/ pyroxene*
1, RT	36	22	17	20	5	1.64
2, RT	39	23	13	23	4	1.70
3, RT	39	22	14	21	4	1.77
4, RT	36	18	12	29	5	2.00
5, RT	33	20	14	28	5	1.65
6, RT	31	19	12	34	4	1.63
2, LNT	43	20	14	16	6	2.15

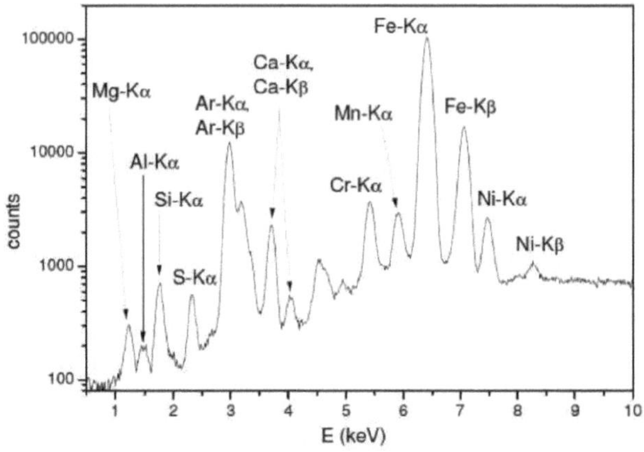

Fig.6.4. Espectros de fluorescência de raios X do meteorito Kosice.

Os parâmetros Mossbauer confirmaram que o meteorito pertence ao grupo de condritos H. As amostras do meteorito Kosice foram preparadas em forma de pó a partir de diferentes profundidades da peça de meteorito e os resultados apontam para a composição não homogénea do meteorito investigado. A mudança mais pronunciada foi o aumento da proporção de kamacite para troilite em direção ao centro do meteorito. Não foram encontrados produtos de meteorização na amostra do meteorito Kosice. A análise de fluorescência de raios X foi utilizada para identificar os principais elementos constituintes do meteorito. Os resultados mostraram o conteúdo principal de ferro, a concentração de outros elementos presentes nas amostras variou ligeiramente.

Os espectros Mossbauer dos meteoritos Rumanova medidos à temperatura ambiente e à temperatura do azoto líquido são apresentados na Fig. 6.5 e na Fig. 6.6, respetivamente. Os parâmetros dos espectros Mossbauer de ambas as medições são apresentados na Tab.6.5.

A parte magneticamente dividida do espetro do meteorito Rumanova foi avaliada de forma semelhante à do meteorito Kosice, utilizando três sextetos. O primeiro sexteto corresponde à kamacite, o segundo sexteto representa a troilite e o terceiro sexteto é atribuído a um produto de meteorização proveniente do processo de oxidação durante o longo período de permanência do meteorito na superfície da Terra. Os produtos que podem ser reconhecidos são principalmente oxi/hidróxidos de ferro, ou seja, goetite, maghemite e magnetite. De acordo com o valor do campo magnético hiperfino do terceiro sexteto obtido a partir do procedimento de ajuste, o mais provável é que seja atribuído à maghemite. Não podemos excluir vestígios de titanomagnetites.

A parte não magnética do espetro Mossbauer dos meteoritos Rumanova foi avaliada como uma sobreposição de seis duplos quadrupolos. Quatro duplos foram incorporados para avaliar duas fases diferentes de Fe^{2+} correspondentes a olivina e piroxénio. A olivina $(Fe, Mg)_2 SiO_4$ é um mineral com dois sítios cristalográficos octaédricos de seis dobras não equivalentes para Fe^{2+} e Mg^{2+}, designados por Ml e M2 [3]. Estes sítios na olivina são ocupados por iões Fe^{2+} e Mg^{2+} de formas diferentes. A espetroscopia Mossbauer foi utilizada com sucesso para distinguir entre os sítios Ml e M2 também em olivinas sintéticas. Foram encontrados dois sítios semelhantes no piroxénio.

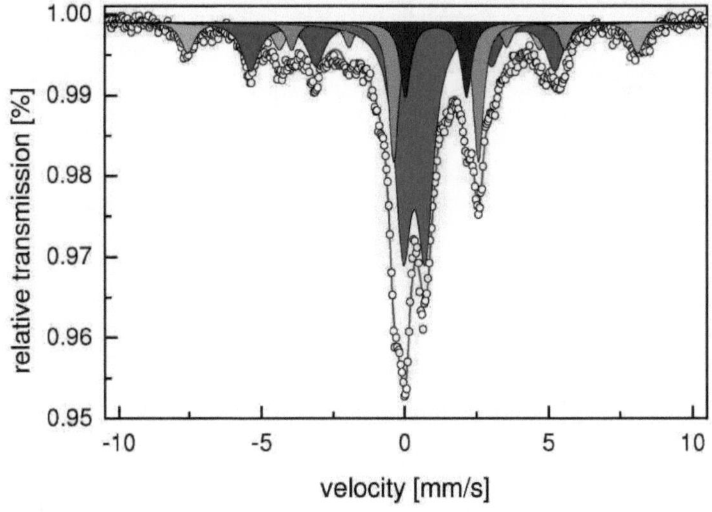

Fig.6.5 Espectro Mossbauer do meteorito Rumanova à temperatura ambiente.

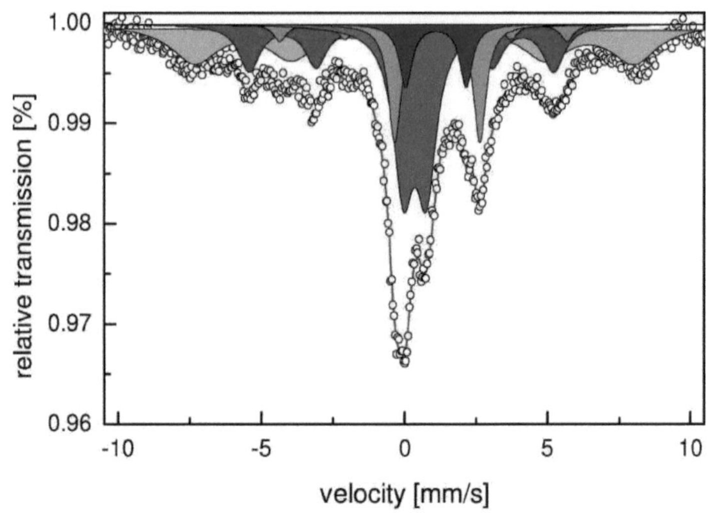

Fig.6.6. Espectro Mossbauer do meteorito Rumanova à temperatura do azoto líquido.
Tab.6.5. Parâmetros dos espectros Mossbauer dos meteoritos Rumanova medidos à temperatura ambiente e à temperatura do azoto líquido.

Component	A_{rel} [%]	IS [mm/s]	QS [mm/s]	B_{hf} [T]	A_{rel} [%]	IS [mm/s]	QS [mm/s]	B_{hf} [T]
	RT				LNT			
maghemite	10	0.23	0.13	48.7	28	0.32	0.01	47.9
kamacite	17	-0,05	-0,04	33.0	20	-0.07	-0.08	33.2
troilite	11	0.81		29.5	8	0.08	-0.15	31.2
olivine M1	16	1.11	2.94		4	1.14	3.25	
olivine M2					5	1.11	2.85	
pyroxene M1	8	1.10	2.1		6	1.10	2.18	
pyroxene M2					3	0.88	1.67	
Fe^{3+}	38	0.38	0.77		3	0.37	0.58	
ilmenite	-	-	-		23	0.33	0.83	

O quinto e o sexto subespectro utilizados no modelo de ajuste para descrever a parte não magnética eram duplos com divisão quadrupolar e mudança de isómero típica para iões Fe^{3+} . Uma quantidade vestigial de Fe^{3+} foi encontrada também em muitos outros meteoritos do tipo condrídio [12]. Supôs-se que este componente (o quinto subespectro da nossa amostra) é um produto de meteorização terrestre. O seu conteúdo é normalmente baixo, cerca de 5 %. O segundo componente Fe^{3+} encontrado no espetro Mossbauer do meteorito Rumanovâ (o sexto subespectro) tem uma fração volumétrica superior a 20%. Para identificar este componente, foi efectuada uma medição à temperatura do azoto líquido. À temperatura do azoto líquido, o espetro de Mossbauer não sofreu alterações qualitativas. A área da parte magnética do espetro apenas aumentou e a área da parte não magnética diminuiu, o que causou diferentes valores de factores f de um componente específico à temperatura do azoto líquido. Esta medição confirmou que a amostra de meteorito não contém pequenas partículas superparmagnéticas.

Se compararmos os componentes não magnéticos do meteorito Rumanovâ e do meteorito Kosice, que foi medido alguns meses após a queda, podemos descobrir que um tal componente Fe^{3+} (sexto componente no espetro Mossbauer do Rumanovâ) não foi identificado no espetro do meteorito Kosice. Por conseguinte, podemos concluir que o sexto componente não magnético tem origem na meteorização devido ao facto de estar há muito tempo na superfície da Terra. De acordo com os parâmetros de Mossbauer, este componente pode ser atribuído à ilmenite ($FeTiO_3$). Não podemos excluir vestígios de outros componentes de oxi/hidróxidos.

Comparando os nossos parâmetros com os resultados das medições efectuadas em meteoritos semelhantes, podemos concluir que os meteoritos Rumanovâ e Kosice contêm componentes semelhantes. De acordo com todos os parâmetros de Mossbauer, podemos também incluir estes meteoritos no grupo de minerais dos condritos. A principal diferença entre estes meteoritos é o teor de óxido de ferro. O meteorito Kosice foi medido algumas semanas após a sua queda. Este foi um curto período de tempo para a criação de óxidos.

Referências

[1] Viera V.W., Knudsen J.M., Roy-Pauolsen N.O., Campsie, J.,:. Physica Scripta. 27, (1983) 437-444.

[2] Verma H. C., Jeka V.I, Tripathi R. P.: Índia. Meteoritics and Planetary Science. 38, No 6, (2003)963-967.

[3] Petrova E.V., Oshtrakh M.I., GrokhovskiV.I., Semionkin V.A.: Hyp. Int. 177, (2007) 81-87.

[4] Oshtrakh M.I, Petrova E.V., GrokhovskiV.I., Semionkin :. Hyp. Int.. 186,(2008) 61-68.

[5] Bland P.A., Sexton A.S., Jull A.J.T., Bevan A.W.R., Berry F.J., Thornley D.M., Astin T.R., Britt, D.T., Pilinger C.T.: Geochimica et Cosmochimica Ata. 62, No. 18,(1998), 3169-3184.

[6] Lee M.R., Bland P.A.: Earth Planet. Sci. Lett. 206, (2003) 187-198.

[7] J.Masarik, R.Wieler:Earth Planetary Sc.Lett.,216, (2003) 201.

[8] P.Povinec, I.Sykora, V.Porubcan, V.Jeskovsky: J.Radioanal.Nucl.Chem., 208, (2009) 805

[9] L.Vistisen , D.Petersen, M.Madsen: Physica scripta, 46, (1992) 94.

[10] Zak T., Jiraskova Y.: Surf. Interface Anal. 38, (2006) 710-714.

[11]Redus R., Huber A., Pantazis J., Pantazis T., Sperry D.: . Disponível na Internet: http://www.amptek.com/pdf/x123 ieee.pdf>.

[12] J.Lipka,I.Rojkovic,I.Toth.M.Seberini:Czech.J.Phys.,47,(1997) 529.

Observações finais

A abundância do elemento ferro em objectos mineralógicos e planetológicos facilita o seu estudo pela técnica de espetroscopia Mossbauer, que se tornou uma ferramenta analítica útil nas ciências da terra e na mineralogia. A espetroscopia Mossbauer fornece informações sobre os estados de oxidação e magnéticos dos componentes de ferro nos minerais. A caraterização precisa do estado de valência do ferro permite aos mineralogistas resolver vários problemas actuais dos sistemas inorgânicos naturais.

O nosso objetivo é resumir o nosso trabalho dedicado à investigação de minerais seleccionados através da utilização da espetroscopia Mossbauer. Mostrámos que este método pode produzir resultados valiosos em diferentes tipos de amostras geológicas, como micas brancas de potássio, tefra vulcânica, rochas basálticas, granodiorito e gabro da parte ocidental da Península Antárctica e também meteoritos Rumanovâ e K osice. A combinação da espetroscopia Mossbauer com outras técnicas analíticas (XRD, SANS, etc.) pode complementar ou reforçar os resultados obtidos, criando assim uma avaliação abrangente de um objeto investigado.

MIX
Papier aus verantwortungsvollen Quellen
Paper from responsible sources
FSC® C105338
FSC
www.fsc.org

Printed by Books on Demand GmbH, Norderstedt / Germany